贝壳的秘密

探索5亿年的海洋生命传奇

[法] 伊娃·本赛哈德/著　[法] 安－海伦·杜普雷/绘　邓韫/译

清华大学出版社
北京

北京市版权局著作权合同登记号 图字：01-2020-6123

Coquillages

Eva Bensard, Anne-Hélène Dubray

© 2019, De La Martinière Jeunesse, une marque des Éditions de La Martinière, 57, rue Gaston Tessier, 75019 Paris.

Simplified Chinese rights are arranged by Ye ZHANG Agency

图书在版编目（CIP）数据

贝壳的秘密：探索5亿年的海洋生命传奇 /（法）伊娃·本赛哈德著；（法）安-海伦·杜普雷绘；邓韫译. — 北京：清华大学出版社，2021.6
ISBN 978-7-302-57263-3

Ⅰ.①贝… Ⅱ.①伊… ②安… ③邓… Ⅲ.①贝类—儿童读物 Ⅳ.①Q959.215-49

中国版本图书馆CIP数据核字（2021）第004992号

责任编辑：范晓婕
封面设计：鞠一村
责任校对：王凤芝
责任印制：杨 艳

出版发行：清华大学出版社
　　　　　网　　　址：http://www.tup.com.cn, http://www.wqbook.com
　　　　　地　　　址：北京清华大学学研大厦A座　　　邮　　编：100084
　　　　　社 总 机：010-62770175　　　邮　　购：010-62786544
　　　　　投稿与读者服务：010-62776969, c-service@tup.tsinghua.edu.cn
　　　　　质量反馈：010-62772015, zhiliang@tup.tsinghua.edu.cn
印　　　刷：当纳利（广东）印务有限公司
经　　　销：全国新华书店
开　　　本：265mm×290mm　　　印　　张：8
版　　　次：2021年6月第1版　　　印　　次：2021年6月第1次印刷
定　　　价：138.00元

产品编号：088895-01

献给我的首席软体动物——扇贝雅克，以及我的鹦鹉螺、我的小锥螺、我的宝螺和我的珍珠——安娜。

——伊娃·本赛哈德

献给德尔菲娜和她的海洋宝藏。

——安–海伦·杜普雷

目　录

喂，鹦鹉螺先生？

把一个鹦鹉螺的壳放在耳边，除了阵阵海浪声，你是不是还听到了一些悄悄话？嘘——有可能是鹦鹉螺先生正在为你讲述它的故事——一个始于4亿多年前的海洋生命传奇。这个来自太平洋的、以华美外表而著称的贝壳，属于一个特别古老的动物家族——贝类。尽管这个动物家族在地球上存在的历史非常久远，但对于我们人类来说，贝类依然很神秘。在本书中，我们将轻轻拨开缠绕在贝类身上的海藻和硌人的沙粒，为你展示它们隐藏在海洋中的秘密——从贝类的生活习性到各种奇妙的贝类，再到精美的贝壳。

你准备好潜入海中一探究竟了吗？

0

鹦鹉螺的起源可追溯到泥盆纪，甚至更早。从出现到现在，即使历经了4亿多年的漫长光阴，鹦鹉螺的外形也几乎没有发生什么改变！现在地球上仍存在5种鹦鹉螺，其中最常见且分布最广的珍珠鹦鹉螺生长在西南太平洋热带海域。

1

贝类的起源

最原始的贝类起源于5亿多年前。那时候，哺乳动物还没有出现，人类就更不用说了，甚至连我们认为很古老的恐龙都还没有出现呢！

生命是如何在地球上出现的？

这仍是一个未解之谜。但有一件事情我们是可以肯定的：生命的演化最早是在海洋中进行的。地球上最早的生命是什么？答案几乎众所周知——细菌，它属于微生物中的一个大类。在距今5.4亿年前的早寒武纪，最古老的动物，诸如海绵、水母、珊瑚等开始出现，然后一些微型海洋软体动物也陆续出现。直到1亿年之后的志留纪，鱼类才演化出最原始的鱼鳍，正式在地球上露面。

危险！禁止游泳！

在距今大约1亿年前的白垩纪时期，地球上的生物已经演化出众多种类，恐龙与小型哺乳动物统治着陆地，翼龙在空中翱翔，海洋中也生活着很多海洋生物。各种史前海洋软体动物，或是摇晃着长长的触手，或是在背上背着一个可以随年龄增长而长大的贝壳，在大洋中畅游。菊石就是这些史前海洋软体动物中的一员，外形貌似带壳的鱿鱼。虽然菊石已经从地球上消失很长时间了，但它们漂亮的、像卷曲的公羊角一样的外壳石化后变成了化石，被永久地保存在岩层中。有人发现了一些巨大的菊石化石，直径超过2米！由此你可以想象一下这些史前海洋生物的体型大小……

保持青春不老的世界纪录

5亿多年以来，石鳖的外形一直没怎么变！石鳖的背上始终背着一个由8片覆瓦状排列的壳片连接形成的外壳。这个壳就是它的防御盾甲，一旦被惊扰，它会马上团成一团，就像陆地上的潮虫一样。

和贝类相比，人类在地球上存在的时间非常短暂！

海洋的主人

地球上海洋的面积约占地球表面积的71%，人们因此称地球为"蓝色星球"。依此类推，地球上生活着数量庞大、种类繁多的贝类，因此，地球也可以被称为"贝类星球"。

动物世界的第二名

地球上已知的贝类超过6万种。如果按种类多少来排名的话，贝类绝对稳居动物世界的第二名，仅次于昆虫。一个专业的贝类生物学家终其一生也只能研究其中很小的一部分。而实际的贝类种类数量还远远多于此，因为还有很多贝类隐居在大海中，尚未被人类发现。

在全球的江河湖海中……

贝类生活在地球上各种各样的水域环境中，它们能承受住波浪和潮汐的冲击，能在温暖的热带水域群居，也能适应北冰洋冰冷的海水。在淡水河流、湖泊和池塘中同样能找到它们。

在海洋的各个角落……

贝类趴在岩石上，栖息在珊瑚丛中，隐藏在海藻间，抑或是潜伏在海泥里。它们甚至可以生活在人类尚未涉足的万丈深渊之下，抑或是黑暗的深海之中。贝类在海洋里无处不在。

动物种类数量

哺乳动物：现存约5 400 种

鸟类：现存9 700多种

鱼类：现存超过2.4万种

贝类：已知的超过6万种

昆虫：已知的约100万种

你知道吗？ "种"是指一群具有共同的祖先、相似的解剖学特征和行为特征的生物，种内个体间可以交配繁殖且子代可育。

什么是贝类？

贝类是有壳的软体动物。贝类的壳通常都很漂亮，以至于我们经常只关注到它们的壳而忘记了它们还是一种动物，也有生命，也会进食、睡觉和繁殖。贝类动物与脊椎动物最大的区别是：贝类动物的骨骼为外骨骼，即它们的外壳；脊椎动物的骨骼是内骨骼，肉眼不可见。

软体动物，冲啊！

软体动物，顾名思义，它们的整个身体都是柔软的。软体动物是动物界一个很大的类群，包括的物种繁多。从院子里普通的小蜗牛到餐桌上的鱿鱼，再到海参、牡蛎、大砗磲等，它们都属于软体动物。绝大部分软体动物都生活在海洋中，只有极少数软体动物是陆生动物，例如蜗牛。

骨头，请从我的身体里出去吧！

贝类也有骨骼，只是骨骼生长在身体外面，是外骨骼，那就是它们的壳。贝类的外骨骼一方面用于保护贝类内部脆弱的器官，另一方面也可以用于吓退企图捕食贝类的敌人。贝类一旦感受到危险，就会马上缩回坚硬的壳中躲起来。所以，讨厌的敌人们，知难而退，自己滚开吧！

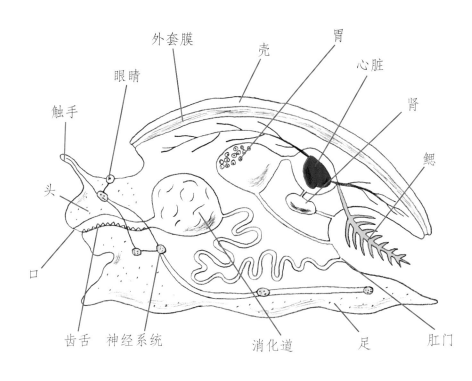

外套膜　壳　胃　心脏　眼睛　触手　肾　头　口　齿舌　神经系统　消化道　足　鳃　肛门

在贝壳的内部……

无论身长是1毫米还是50厘米，所有贝类的壳里面都长有一颗心脏、一套神经系统、一个腮或多个腮（用于水中呼吸）、一个口、一个消化道（用于消化）、一个肛门（用于排泄）以及一个生殖腺（用于繁殖下一代）等器官。

自家房子的泥瓦匠

贝壳拥有奇妙的螺旋状盘绕构造、堪比大师作品的严谨的结构比例以及出色的材质，这真是令人惊叹。那么，是谁制造了这些小小的精美艺术品呢？

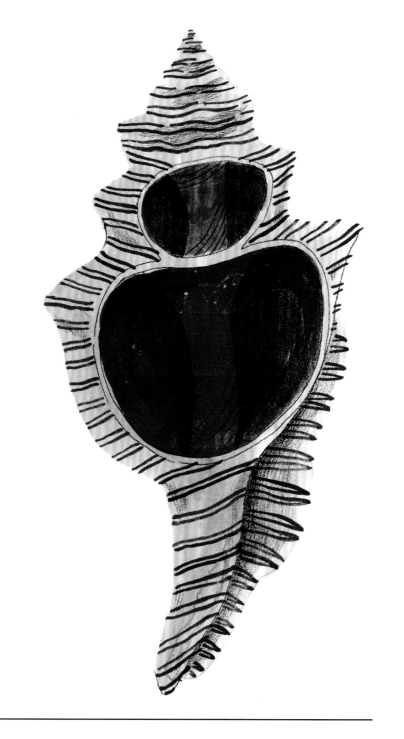

永远在施工中

贝类从食物和海水中获取碳酸钙，然后通过外套膜分泌出一种富含碳酸钙的化学物质，形成硬壳。贝类就像一个完美主义者，在一生的时间里会一直修补和完善自己的小屋子，即使遭到捕猎者的攻击，外壳破裂了，它也可以将外壳修复好。

独特的形态

每一种贝类的壳都有它独特的形态：或螺旋状、螺旋桨状，或锥状、盾状；或形状不规则，或完美对称；或光滑，或粗糙；或坚硬如堡垒，或薄如蝉翼。

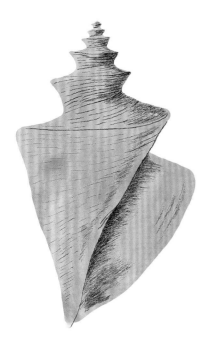

旋梯卷管螺名副其实，它的外壳结构像是围绕着一根中央轴柱螺旋上升的楼梯，外形则像一座宝塔。

黑线车轮螺的壳呈现出完美的螺旋状几何形状。据说达·芬奇就是从它这里汲取灵感，从而设计出了法国香波堡里著名的双螺旋楼梯。

这是鹦鹉螺壳的剖面图。它的内部被横断的隔板分隔成很多独立的壳室。这些隔板层层旋转，宛如童话故事里豪华大城堡中的螺旋状楼梯。鹦鹉螺柔软的身体居住在最后一个壳室内，这个壳室的空间也是最大的。其余的壳室则充满气体，让鹦鹉螺可以像艘小潜艇一样自由沉浮和移行。

海螺

地球上软体动物已定名的现生种类超过10万种。为了方便识别，科学家将软体动物归为几大类：腹足类、双壳类、头足类……其中腹足类是属种最多的一类，包含了大约3/4的常见软体动物。海螺是海生腹足动物的通称。

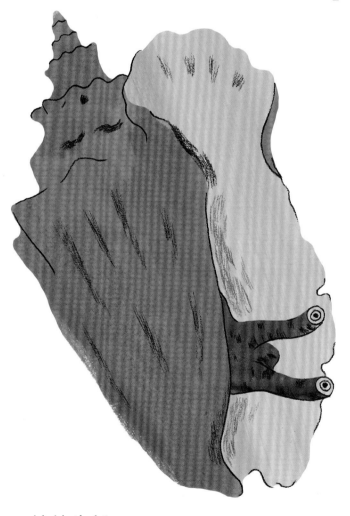

单壳

陆地上的蜗牛和大海里的海螺是亲戚，它们都属于软体动物的腹足类。和蜗牛一样，海螺也长着触手和眼睛，并且种类繁多，有滨螺、峨螺、凤凰螺、蝾螺、冠螺、驼峰螺、鲍螺、宝螺、芋螺……海螺的一大共同特征是所有的内部器官都被包裹在一个单体螺壳内。螺壳的形状多样，最常见的是细长螺旋状，也有斗笠状（例如笠螺）、椭圆状、半球状（例如履螺）和扁平耳状（例如鲍鱼）。

——（咚咚咚！）有人吗？

——哎，我在！

探出头来的是女王凤凰螺，两个触手顶端突出的眼睛是它的标志性特征。

持续生长

甲壳动物（例如我们最熟悉的虾和蟹）的外壳一旦形成就不会再生长，随着身体的长大，它们的外壳会周期性脱落，再长出适合新的身体大小的新壳。但贝类却不一样，它们的壳是会持续生长的。随着贝类身体的不断长大，它们也会同时分泌出更多的碳酸钙来扩大壳体。在自然生长的状态下，贝类的寿命可以很长，例如鲍鱼的寿命可以长达15年左右。

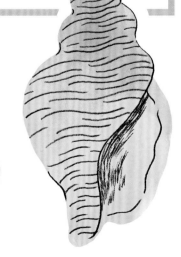

千姿百态的螺壳

纺锤螺

向日葵星螺

欧洲偏盖螺

帝王涡螺

寄居蟹的背上虽然也背着一个螺壳，但它并不是腹足动物，而是和螃蟹一样属于甲壳动物。但是，寄居蟹又和其他的甲壳动物不一样，它的甲壳只覆盖了头胸部，后面粉红色的柔软腹部并没有被保护起来。如果遇到敌人，它很容易就被一口吞下去。所以，聪明的寄居蟹就寄居在被废弃的腹足动物的外壳中来保护自己。当它的身体长大而寄居的壳体空间变得狭小时，它会重新选择一个更大的壳来居住。

灵活的腹足

腹足动物，顾名思义，就是指足位于躯体腹部的动物。它们的腹壁形成发达的肉足，名为腹足。腹足动物所有的内脏器官都长在腹足上，并被小心地收藏在足上的硬壳内。这一独特的腹足到底长什么样呢？它们有的宽大扁平，有的小小的、胖胖的，但无论外形如何，腹足总是肌肉发达、强壮有力。正因为有了这一器官，海螺才可以在海藻丛和珊瑚丛中从容自如地迂回，寻找食物，追寻爱情。海螺还可以借助腹足在海底爬行，在礁石上攀爬，或是在海泥中挖一个藏身的小洞。一旦感觉到危险，海螺会将腹足迅速缩回壳中藏起来。

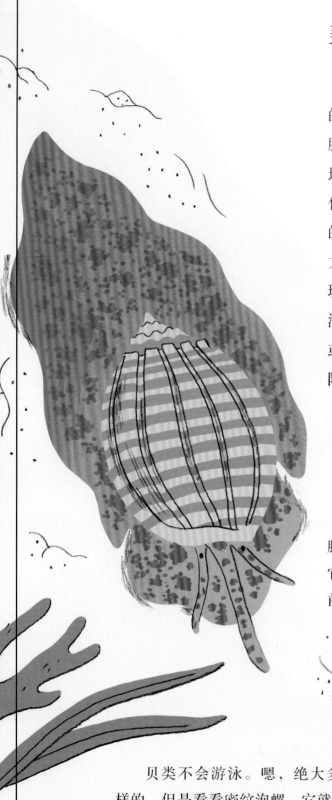

大杨桃螺的壳很小，但伸展开的腹足却宽宽大大，像一张摊开的煎饼。它可以通过收缩足部肌肉来推动身体前进。

贝类不会游泳。嗯，绝大多数情况下是这样的。但是看看密纹泡螺，它就像是深海中自由翱翔的飞毯！它那精美的腹足宛如海水中漂浮的一片玫瑰花瓣，而花瓣上面则托着一个轻巧的外壳。

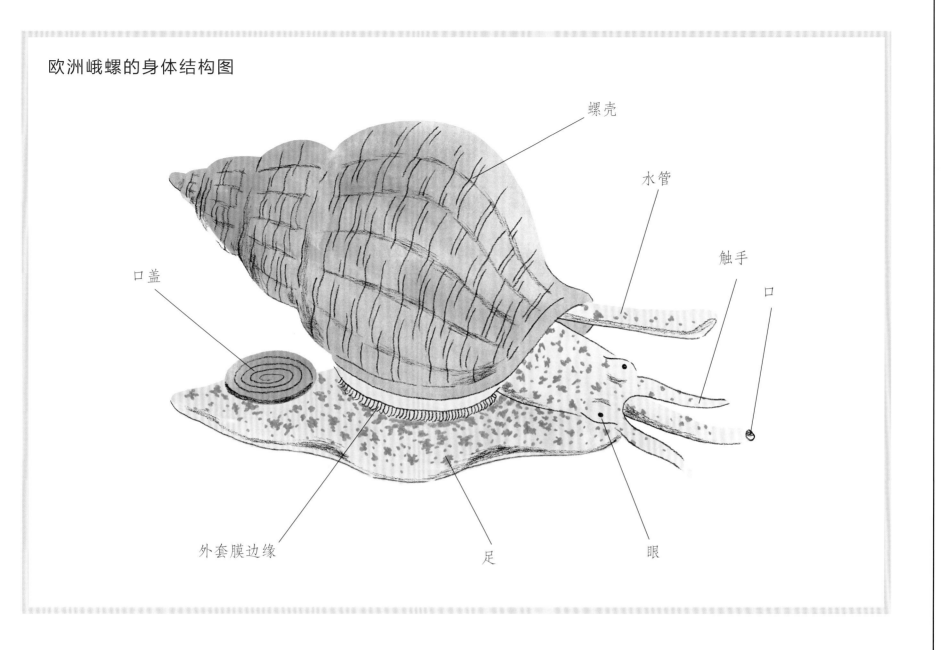

欧洲峨螺的身体结构图

螺壳

水管

触手

口

口盖

外套膜边缘

足

眼

关门！

很多腹足动物在足部后端都长有一个口盖。有些口盖像贝壳一样是钙质的，有些口盖像指甲一样是角质的。口盖就像一扇门，让腹足动物可以随意地关闭进出螺体的通道。遇到一个不太友好的来访者时，它们会立即缩回自己的壳中，然后关门闭户，把坏家伙阻挡在门外。这种待客方式虽然不太礼貌，但可以有效地保护它们自己。

地中海的蝾螺本身长相一般，但蝾螺的口盖却厚实光滑，颜色也很漂亮，外形看上去像一只眼睛，在法国它也被称为"圣露西之眼"。有人将蝾螺的口盖制作成项链吊坠，也有人将它收藏在存钱罐里，据说它可以带来幸福和财运。

双壳动物的有趣生活

　　蛤蜊、牡蛎、海虹等我们餐桌上常见的贝类，它们的壳不是一个而是两个，所以它们被称为双壳动物。双壳动物的双壳由韧带连接，韧带可以自由控制双壳的开合。双壳动物都很胆小害羞，哪怕是遇到一点点儿风吹草动，它们都会吓得立刻将双壳关得严严实实。

纹丝不动如海虹

　　与腹足动物的活泼好动相反，双壳动物通常是不太运动的。大部分双壳动物既不会游动也不会爬行，它们一生大部分时间都藏在海底（例如蛤蜊），或借助足丝吸附在坚硬的物体上（例如海虹）。这些具有弹性的足丝不会轻易松开，可以经受住猛烈暴风雨的考验。

蹦蹦跳跳如扇贝

　　也有少数双壳动物可以在沙子上缓慢挪动，进行短距离的位移。另外还有一些，例如扇贝，简直就是双壳动物里的职业游泳运动员。通过快速地、一开一合地拍打双壳，扇贝可以四处游动，或是逃避捕食者的袭击。当它们主要的敌人——海星靠近时，扇贝甚至可以快速地跳跃着逃开。

虹吸管

　　蛤蜊和竹蛏这一类深埋在沙子里生活的双壳动物是怎么呼吸和进食的呢？其实，它们也不是全部都埋起来的，而是会露出两根小小的管子来吸入和排出海水。这两根管子叫作虹吸管。

　　扇贝虽然有几十只小小的眼睛排列在外套膜的边缘，但是它的视力并不好。它主要是根据光线的变化来判断周围的环境。当出现可疑的光线变化时，它会快速地关闭自己的壳。

珊瑚丛里的奇妙贝类

在热带海洋湛蓝色的海水中，生活着各种各样奇妙的贝类，让我们潜入珊瑚丛中，更近距离地观察它们吧！

1/体型庞大的贝类

  大砗磲的身长可超过1米，重量可达几百千克！大砗磲白天会半张开外壳来吸收阳光。生长在它外套膜中的成千上万棵微小海藻很感谢它这一善意的举动。有了阳光，这些海藻就可以繁殖生长，从而制造出更多的营养物，而这些营养物则是大砗磲的主要食物。大砗磲和这些微小海藻之间是互惠互利的双赢关系。

3

4

5

2/有剧毒的贝类

杀手芋螺可以通过箭状的齿舌将毒液注入猎物体内，使其肌肉麻痹，甚至死亡。杀手芋螺的毒液毒性很强，可以轻易地将成年人置于死地。生物学家对此非常感兴趣，因为如果这种毒液能够得到合理应用的话，也许就可以制造出有奇效的药物。

3/贪食的贝类

大法螺体型很大，胃口也同样很大。它可以一口吞下一整只棘冠海星。棘冠海星的触手上长满了有毒的棘刺。棘冠海星以珊瑚为食，所以当它的数量增多时，会严重破坏珊瑚礁的生态。为了解决这一问题，澳大利亚的科学家们考虑在大堡礁中释放大法螺，以生物防治的方法来达到消灭棘冠海星的目的。

4/友好的贝类

鸡冠牡蛎的外壳边缘呈"Z"形曲线，闭合起来时就像一张微笑的嘴。鸡冠牡蛎如盘子般大小，既不危险也不会夹人，性格温和，以浮游生物为食。

5/擅长伪装的贝类

红花宝螺的身长一般不超过3厘米，它因美貌而扬名。需要隐身时，它的外套膜会伸展开来，将壳完全包住，和海底的沙子融为一体。它真不愧是个伪装高手！

贝类怎么吃东西？

贝类的饮食也同样是多样化的。有些贝类安安静静地啃着海藻，有些贝类以浮游生物为食，但是，大部分贝类都是捕食者，是百分之百的肉食动物！幸好，在大海里游泳的人们的脚指头并不在它们的菜单之内……

浮游生物的过滤器

双壳动物并不需要费心费力地去寻找食物，秘密就在于它们长着鳃。它们只需要张开贝壳，用鳃过滤富含浮游生物、小海藻和小虾米的海水就可以了。落潮期，露出水面的牡蛎和海虹会紧紧地关闭贝壳，不让内部珍贵的、富含营养的海水流失。

海藻咀嚼者

海洋腹足动物都有一条可以伸出来的舌头。这条舌头叫作齿舌，表面像奶酪刨丝器一样粗糙，上面还长有很多微小的牙齿。齿舌是腹足动物用来刮取沾在岩石上的细嫩海藻芽的有力工具。细嫩的海藻芽是鲍鱼、笠螺和驼峰螺最喜欢的食物。

岩石上的这些痕迹就是笠螺的齿舌留下来的！当这些体型娇小的贝类很饥饿时，它们可以将整块岩石的表面刮得干干净净。

夜间猎人

贝类看上去总是一副人畜无害的样子，但是，千万不要被它们漂亮的外壳所迷惑。当夜晚降临时，大量的腹足动物开始出行夜猎。自然界赋予了它们各自不同的秘密武器，花格海蛳螺有一条破坏力很强的齿舌，可以嚼碎海葵和珊瑚；蛾螺可以用足部掰开双壳动物的壳，然后将口中长的、圆柱形的吻伸进去吸干活体；唐冠螺会先将海胆和海星麻醉，再慢慢吸掉它们的肉；可怕的芋螺可以直接生吞一整条鱼！相反，有一些贝类却很懒，例如网目织纹螺，它们食用死掉的动物，正好可以顺便清理海底。

芋螺，世界上行动最快的动物杀手之一

当猎物靠近时，芋螺将吻端伸出，快速地将充满毒液的齿舌刺入猎物体内，使猎物瞬间麻痹昏迷，然后再把猎物吞噬掉。整个过程只需要几秒钟，相当迅速。芋螺毒液的毒性比眼镜蛇毒液的毒性还要强！

小小寄生者

瓷螺科的动物是一类体型很细小的寄生性海螺。它们毫无顾忌地趴在比它们体型大得多的生物身上，例如海胆和海星，肆无忌惮地吸食这些生物的体液。

贝类怎么繁殖?

背着一个笨重的贝壳进行繁殖活动太不容易了!但是,聪明的贝类找到了很多不同的方法来克服困难,实现生命的繁衍。

你知道吗?你有一个美丽的贝壳……

很多双壳动物(例如海虹、蛤蜊、花蛤等)以及部分腹足动物(例如鲍螺、笠螺等),它们的繁殖活动并不需要身体的接触。雄性和雌性分别将精子和卵排入水中,卵遇到精子后在水中受精、孵化,然后发育成幼体。一些运动能力较强的种类也会进行有身体接触的交配活动。雄性蛾螺有一个相对于它本身的个体来说很长的生殖腺,这个生殖腺占据了它壳内一半的空间。完成交配的几个星期后,雌性蛾螺将向水中排出上千个包裹在卵囊中的受精卵。

贝类的性别判断方式与地球上其他动物的差别很大。很多腹足类的海螺和它们陆地上的亲戚——蜗牛一样,同时具有雌性和雄性两套生殖器官,生物学上称之为雌雄同体。扇贝、大砗磲等一部分双壳动物也是雌雄同体。

爬行宝宝和游泳宝宝

雌性贝类排出的卵囊以串状、带状、片状等多种形式凝结在一起。幼体在卵囊中长大。蛾螺的每个卵囊可以容纳50~2000个受精卵。当孵化期到来时,稚螺爬出卵囊,它们已经完全成形,可以像成年螺一样独立生活。另外一些种类破膜出来的是缘膜幼体。它们暂时以浮游生物为食,直到长成小的成体。能安全且成功地完成这一变态过程的幼体非常少,绝大部分缘膜幼体最后都成了虾、鱼或水母的腹中餐。

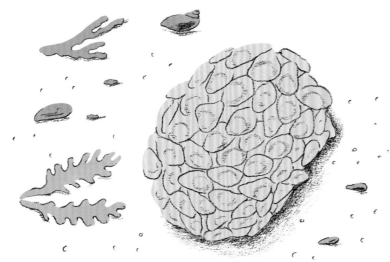

这一团奇怪的东西是什么？

这是蛾螺的卵囊。稚螺已经孵化了，只剩下空空的囊袋残留在沙滩上。这种卵囊经常出现在大西洋沿岸，就像一团肥皂。

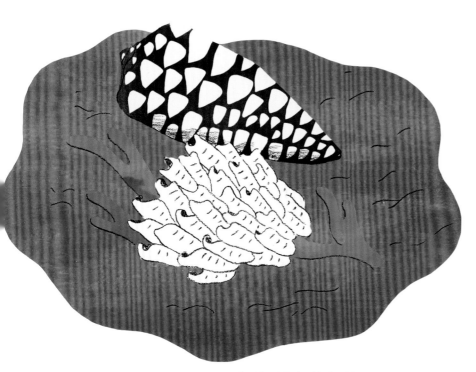

大理石芋螺的卵囊

狗岩螺的卵囊

得益于长满纤毛的面盘，缘膜幼体的游泳速度很快！

天敌

早在古人类时代，人类就开始食用贝类。除了人类，还有很多动物也很喜欢食用美味的贝类，哪怕要费很大力气撬开坚硬的贝壳。

1/海星

需要一个多小时才能打开一只牡蛎？没关系，满足口腹之欲最重要。海星使用它刚劲有力的触手死死地向两侧掰牡蛎的两个壳，直到牡蛎的闭壳肌疲惫无力、放弃挣扎为止。等牡蛎壳稍微张开，海星立刻翻出贲门胃，将其插入壳内，同时分泌消化酶，慢慢地消化掉牡蛎的内脏器官。

2/蛎鹬

蛎鹬的喙又长又坚硬，简直就是专门用来撬开海虹、蛤蜊和牡蛎的壳的。

3/白腰杓鹬

白腰杓鹬可以用它细长而略向下弯曲的喙找出藏在淤泥深处的贝。

4/银鸥

银鸥没有可以轻易撬开贝壳的喙，但是它有别的方法！它会从空中把贝狠狠地摔到岩石上，借此来打碎坚硬的贝壳。

5/海象

海象每天可以食用多达400只花蛤！它先用敏感的触须探找到贝，然后用两个前鳍脚夹碎贝壳。它还有另外一种方法，就是用嘴对着贝很用力地吸，直到将贝肉吸入口中。

6/海獭

海獭是个子最小的海洋哺乳动物，但是它的牙齿宽大，方便用来咬碎贝壳。如果遇到用牙齿也咬不碎的贝壳，海獭会使用石块砸碎它。

7/螃蟹

螃蟹用一对大钳子来夹碎贝壳，这真是太方便了。它至少有十几种方法来对付这些坚硬的贝壳，例如硬掰、钻孔、研磨等。

8/章鱼

这种肉食动物的胃口很好，喜欢食用螃蟹、龙虾和一些软体动物。章鱼的口中有一对尖锐的角质腭，像鹦鹉喙一样，它用角质腭来钻破贝壳。

9/鳐鱼

鳐鱼扇动宽大的胸鳍，扬起海底的沙子，使贝暴露出来，然后用坚硬的牙齿将猎物嚼碎。

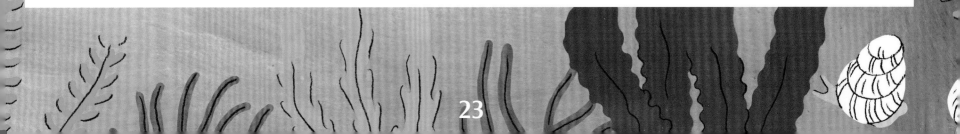

贝类聪明吗？

贝类看上去身体柔软、懒懒散散的，但千万别被它们的外表所迷惑，它们并不像我们想象的那样愚笨。

蠢材和天才

贝类发育了一套很适应它们生活方式的神经系统，例如双壳类这些不太爱运动的贝类，它们的神经系统还停留在一个比较简单的演化阶段。一辈子都趴在同一块岩石上，也不需要多少神经啊！难怪有人嘲笑别人笨时会说："你的智商等同于牡蛎。"而体型较大的肉食腹足动物，例如芋螺，为了生存就必须主动出击去寻找和捕获猎物，不得不拥有一套更高级的神经系统。它们的头部和足部分布着神经腺，这些神经腺就像一个个微型大脑。它们的嗅觉和视觉也比其他贝类更发达。凭借这些优势，它们成为强大的捕食者。

船蛸和章鱼

不要轻易被外表误导！尽管船蛸也有一个壳，但它并不是贝类。雌性船蛸拥有一个薄如纸且带有棱纹的壳，外形与鹦鹉螺相似。但这个壳并不是真正的贝壳，而是雌性船蛸为了保护受精卵而分泌出来的一个可以漂浮的卵盒。船蛸妈妈将受精卵排放在卵盒中。卵盒除了起到储存和保护受精卵的作用，还能像充气的救生衣一样增加浮力。受精卵孵化完毕后，卵盒就会被丢弃。因此，它与鹦鹉螺的外壳有本质上的不同。

船蛸和章鱼有近亲关系，它们都属于软体动物中的头足类。头足类动物是头部长有触手的这一大类软体动物的总称，包括章鱼、鱿鱼、乌贼、鹦鹉螺和船蛸等。一些科学研究显示，章鱼非常聪明，具有惊人的思考问题和解决问题的能力。例如，章鱼可以打开一个装有它喜欢的食物的罐子，或是找到迷宫的出口。

船蛸太太瞪大了眼睛。 ▶
原来它丈夫的身长还不到2厘米啊！
它的身长可是丈夫身长的15倍呢！

时装表演

贝类纷纷展示着自己美丽的外壳，它们的外壳要么颜色鲜艳、花纹复杂，要么只带有简简单单的条纹或波点。这里列举一些颇具特色的贝壳，服装设计师们，你们就羡慕去吧！

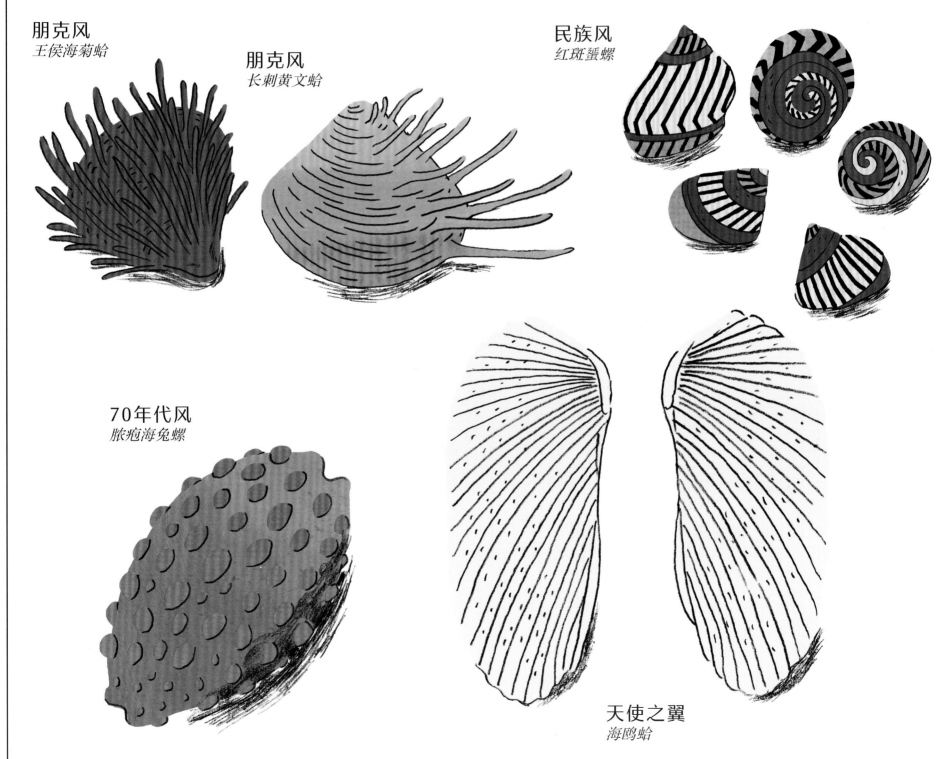

朋克风
王侯海菊蛤

朋克风
长刺黄文蛤

民族风
红斑蜑螺

70年代风
脓疱海兔螺

天使之翼
海鸥蛤

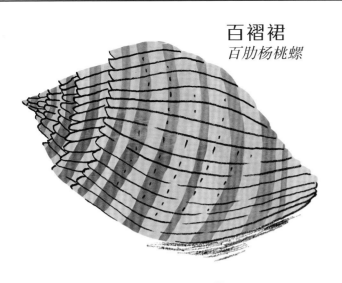

百褶裙
百肋杨桃螺

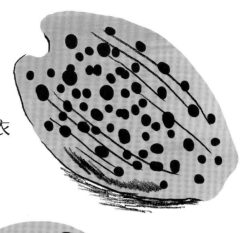

豹纹大衣
黑星宝螺

经典红配黑
红莓钟螺

波点紧身裙
黑斑笋螺

荷叶蓬蓬裙
花篮帘蛤

百万年的反复修改

在漫长的演化过程中，贝类的外壳变得越来越有装饰性。最初的贝壳只是贝类用于抵御捕食者攻击的武器，慢慢地，贝壳上面出现了一些突起、点状花纹和隆起。对应地，甲壳动物的钳子变得越来越有力。当贝壳抵御不了敌人的攻击时，它们又进一步演化，变得越来越复杂，也越来越有威慑力。在不断被挑战，然后又自我优化中，贝壳逐渐形成了现在这多姿多彩的样貌。

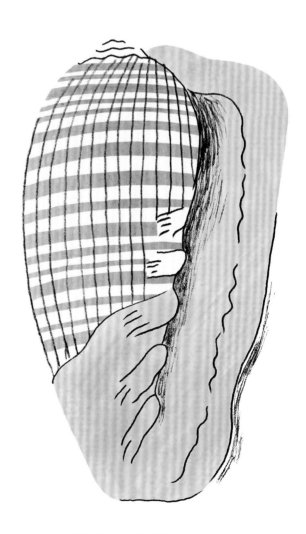

苏格兰方格裙
金唇谷米螺

高级时装外套

  贝类并不需要等到冬天才穿上"外套"。它们的身体被一层保护膜包裹着，保护膜可以分泌出石灰质来维持贝壳的生长。这层保护膜就是贝类的外套膜。外套膜藏在贝壳里，从外面看不见。幸好，有些比较喜欢炫耀的贝类为我们展示了它们诱人的衣衫。

大堡礁里的大砗磲张开双壳，舞动它的宽褶边蓬蓬裙。一些幸运的潜水者曾亲眼见证过这一精彩的表演。

  当夜幕降临，全世界都安静下来后，花鹿宝螺会将外套膜伸展开来，将外壳全包起来，然后出去食用它最喜欢的海藻。但是一旦被惊扰，它的身体会立刻缩入壳内。外套膜可以保护贝壳表面光亮的珐琅质不受破坏。

鲜活的贝类令人惊艳！

  谁能想象到这只生活在大海深处的雪白的玉兔螺如此讲究，它的外套膜和腹足的花纹是成套搭配的，都是白底带深棕色波点或黑色波点。

贝类与人类

贝类与人类之间的渊源非常久远。早在古人类时代，人们就开始食用贝类。很快，人们发现贝类不仅美味、有营养，而且还可以当作工具来使用。

工具、餐具……

贝类全身都是宝！贝肉富含蛋白质，坚硬牢固的贝壳则是制作刮板、刀具和鱼钩的上好材料，有时候甚至都不需要修整或抛光就可以直接使用。牡蛎下凹的壳就是一个天然的汤勺，扇贝较平整的壳恰好用作盘子。从贝壳工具、贝壳餐具到贝壳武器，早在原始社会，人类就已经是手工制作达人和擅长废物再利用的艺术家了。

海螺号

接着，人类又发现贝类还有其他更妙的用途。小的双壳类的贝壳可以做成油灯的外壳、化妆品盒或是颜料盒。大的贝壳，例如砗磲的壳，可以用作动物的食槽、小孩儿的浴盆或是教堂里的圣水缸。在世界各地，我们都能看到海螺号。它的用途很广，可以用来提醒捕鱼者、集结团队以及呼吁人们祷告或战斗。用来制作海螺号的通常是法螺、凤螺或犬齿螺。它们的螺壳内部空间大，螺体为螺旋状，可以发出很洪亮的声音，方便船与船之间或是寺庙与寺庙之间进行远距离交流。

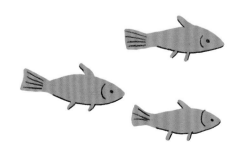

昂贵的紫色染料

　　某些贝类让人类改变了衣柜里的颜色！生活在地中海海底的染料骨螺有一个神秘的鳃下腺，可以分泌黄色黏液。在光照的作用下，黏液变成紫色。早在古希腊和古罗马时代，人们就开始利用染料骨螺的黏液为布料染色。在当时，染料骨螺的黏液是一种非常昂贵的奢侈品，因为从大约1万只染料骨螺中才能提炼出几克紫色染料！在古代西方，只有国王、贵族和神职人员才能使用这种颜色。

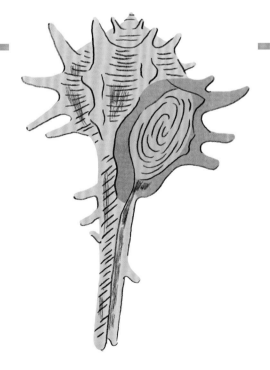

古老的饰物

在玻璃珠子和金属首饰出现之前，人类爱美的祖先们在自然界里寻找饰物。大海赠予他们漂亮的小贝壳，他们把小贝壳串成项链、手链和挂坠。

古老的项链珠子

人类曾经在洞穴的岩壁上作画，在骨头和象牙上进行雕刻，但在此之前，人类对美的认识就已经萌发。古人类学家在南美洲的一个洞穴中发现过40多粒打孔的小贝壳，经过鉴定，这些贝壳已经有7.5万年的历史了！它们或许是世界上最古老的项链珠子。

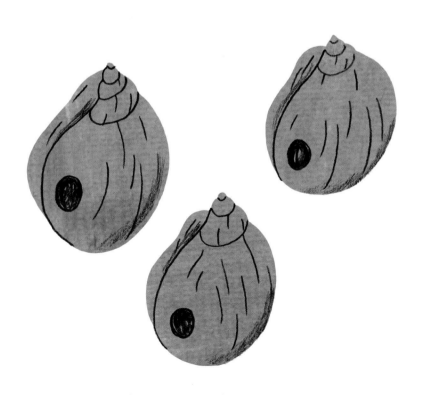

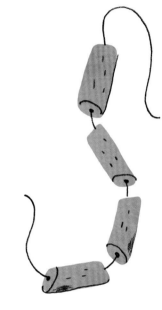

捞宝藏

从那之后，人类选择和处理贝壳的技艺不断完善。在几千年前的欧洲，新石器时代的古人不再满足于使用以前使用过的贝壳。他们学会撬开更坚固、颜色更鲜艳的贝壳，例如海菊蛤。他们甚至不惜冒着生命危险潜入爱琴海深处，去寻找和捡拾海菊蛤。这种带刺的贝壳在厄瓜多尔的太平洋沿海也很常见。海菊蛤的壳上有很多棘状突起，就像海星一样扎手。但是为了获得它，为了将它带出水面，所有的冒险都是值得的。人们将海菊蛤的壳切割打磨，做成鲜红色的光滑珠子，将珠子挂在脖子上，挂在腰带上，抑或是缝在衣服上。

原始货币

在现代社会，几乎所有人的钱包里都放着纸币或硬币。但在古代很长一段时间里，人们的钱包里放的却是贝壳！不要太惊讶，它们至少比银行卡漂亮得多，并且它们还具有坚固、易携带和防伪造等优点。一些宝螺甚至还被用作整个环印度洋沿岸地区的流通货币。这些来自马尔代夫群岛的宝螺曾经是财富和权力的象征。在非洲，人们现在还把它们当作护身符和占卜的道具。

印第安人的"黄金"

北美印第安人有他们自己的贝壳货币——角贝。从形状和颜色上看，角贝就像是微型象牙。用一枚品质较好、细长且空心的角贝就可以买到一张保暖的河狸毛皮。族长夫人们戴着绚丽的角贝耳环，族长们则穿着缝着上百颗珍贵角贝的长袍。

宝藏与好奇心

自从1492年哥伦布首次发现美洲大陆后，大量新奇的贝壳、植物和动物被带到欧洲，成为人们梦寐以求的珍宝。

不可思议的收藏

干燥的昆虫、鳄鱼牙齿、龟壳、菊石化石、古埃及木乃伊以及古罗马钱币，从文艺复兴时期开始，这些物品就令想更多了解世界的欧洲权贵和学者们着迷。他们怀着极大的热情，四处收集这些物品，并将它们保存在兼具博物馆和图书室双重功能的珍宝柜内。欧洲人对自然的热情在这一时期空前高涨。这些收藏让人们对于动植物的认识逐渐加深，大大推动了生命科学的发展。

旅行的诱惑

在主人的收藏室中，热带贝壳通常占有很重要的位置。远洋航行为人们从新大陆和海岛中发现珍稀和未知的贝壳提供了条件。这些海洋珍宝被小心地排列和保存在抽屉里，防止被阳光直晒，抑或是被镶嵌在黄金做成的华丽框架上，摆放在显眼的位置。看着它们，主人可以想象出那个遥远、神秘又原始的远方世界。这些贝壳可以带着人们神游，带给人们遐想……

◀ 带玻璃门的珍宝柜里放满了干蛇、珊瑚、化石、珍稀货币以及贝壳！这就是文艺复兴时期富有的学者们珍宝柜的样子。

五彩斑斓的珍珠母

一些贝类在贝壳内层覆盖了一种五彩斑斓、流光溢彩的物质，这种物质叫作珍珠母。经过切割、打磨、镶嵌等一系列工序，珍珠母变成了宛如来自童话世界的物件，泛着彩虹光泽。

鲍鱼非常低调，它的壳外表皱皱巴巴、粗糙不堪，但内层却很光滑，泛着漂亮的光泽。鲍鱼、珍珠蚌、鹦鹉螺、马蹄螺、蝾螺等贝类，一辈子壳内都有珍珠母。

大约200年前，欧洲有些艺术家专攻珍珠母的使用，他们有个专业的名称，叫作螺钿工艺师。螺钿工艺师使用珍珠母制作出奢华的装饰扇的骨架、带虹彩的多米诺骨牌和收纳盒等物件。

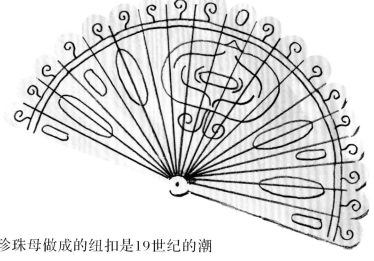

这件鹧鸪造型的艺术品名为"文艺复兴的王子"，它的美无与伦比！鹧鸪的羽毛全是用珍珠母做成的，上面镶嵌着很多名贵的宝石。

用珍珠母做成的纽扣是19世纪的潮流时尚。它们被大规模工业化生产，并广泛使用在女士的胸衣、裙子、靴子等任何可以装饰的衣物上。

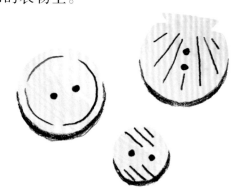

珍珠的奇迹

　　为了保护自己毫无防御能力的娇弱身体，贝类给自己套上了一个钙质的"盾牌"——贝壳。但是有时候，一不小心还是会有沙粒掉进贝壳，这就会刺激到贝类敏感的身体。硌得慌，却不能把沙粒给择出来，想起来也确实不舒服。有珍珠母的贝类找到了一个解决方法：它们分泌出珍珠母，将这个讨厌的外来物包裹起来。于是，这颗不起眼的小沙粒就变成了一颗泛着光泽的光滑珠子——珍珠。这是一个偶然事件，所以天然珍珠很稀少。上千年来，渔民们冒着生命危险潜入水中采集珍珠，这些珍珠再被制作成珍贵的首饰。女王凤凰螺的珍珠是极为稀有和昂贵的珍珠。它们颜色粉红，宛如糖果。目前已知的最大的珍珠来自大砗磲。一位菲律宾渔民曾在一个大砗磲的壳中发现了一颗重达34千克的珍珠。

珍珠蚌

女王凤凰螺

维纳斯与贝壳

在欧洲文化中，什么东西可以同时作为女神和圣人的象征？那就是贝类。

维纳斯的"冲浪板"

在古罗马神话中，象征美丽和爱情的女神——维纳斯诞生于海水的泡沫中，然后立在一枚贝壳上，随海浪漂浮至岸边。这枚托浮着她的贝壳到底是什么样的呢？是体型庞大、呈波状屈曲如大砗磲？还是颜色粉红、体态轻盈如樱蛤？抑或是中央略微下凹如牡蛎？神话故事并没有给我们明确的答案。但是，从来都不缺乏想象力的画家填补了这个被遗漏的细节。在一幅著名的油画——《维纳斯的诞生》（1485年）中，意大利画家桑德罗·波提切利在女神的脚下画了一枚模样有些像扇贝的贝壳。从此以后，女神维纳斯和这枚贝壳在人们的脑海中就变得密不可分了。

梳子！

栉棘骨螺的壳上长着几十根细长如鱼刺且排列整齐的刺状纹饰，宛如一把精巧华美的梳子。人们认为它天生就是用来梳理女神长发的，所以它也被称作维纳斯骨螺。

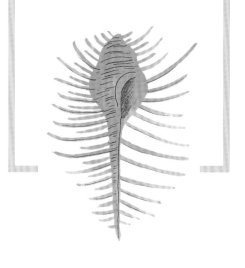

朝圣者的贝壳

中世纪时期，扇贝成为耶稣十二使徒之一的圣雅各的象征。信徒们在前往西班牙的圣地亚哥–德孔波斯特拉朝拜圣雅各墓地的途中，常常会随身佩戴着他们沿途从西班牙的海滩上捡来的扇贝壳。朝圣者们认为扇贝具有保护他们的能力，便将扇贝壳缝在帽子上、衣服上或背包上。渐渐地，这一护身符就成了朝圣者们互相识别的标志。扇贝在法语中叫la coquille Saint-Jacques，即圣雅各扇贝，这个名字就来源于此。

奇妙的创作

官殿、喷泉、面具……人们发挥奇思妙想，用贝壳创作出很多神奇和不寻常的作品。

在17世纪50年代，比利时画家简·凡·凯塞尔将贝壳拼接在一起，创作出头像、花朵和七彩的花环。更近一些，在20世纪20年代，法国艺术家帕斯卡尔-德西尔·迈松纳夫大力挖掘贝壳的美，用它们创作出了很多富有想象力的、有趣的头像。在学校的手工课上，在家庭亲子活动中，人们可以以此为灵感来源，使用从沙滩上捡来的贝壳完成手工作品。贝壳也常常被用于装饰人们理想中的宫殿，比如坐落于大西洋沿岸小城莱萨布勒-多洛讷的"美人鱼之家"。

贝类探险家

贝类学是动物学的一个分支。收藏家收藏贝壳，而贝类学家则研究制造贝壳的动物，包括它们的形态、生理、发生、分类、生态、地理分布以及它们与人类的关系，并更好地保护它们。

一门科学诞生了！

贝类是如何长大的？它们生活在哪里？它们如何与周围各种带鳞片、带刺及带触手的邻居和平共处？它们属于哪一个大的动物家族？……所有这些问题都让贝类学家们着迷。17世纪50年代前后，当科学家们开始建立海洋软体动物的目录、描述海洋软体动物的形态时，贝类学这一门科学就诞生了。瑞典生物学家卡尔·冯·林奈在18世纪中叶确定了大约700个贝类种类。而如今，我们所认得的贝类种类数量已经远远超过了这一数字，而这才仅仅是个开始……

21世纪的贝类探险家

现在世界上还有约10万种软体动物尚待发现、描述和命名。这一巨大的潜力激发着当今博物学家的探索热情。法国国家自然历史博物馆的贝类学家们花费大量的时间在野外工作，身边随时准备着潜水服。他们都是贝类探险家！在一个以地球为主题的探索项目的支持下，他们每年前往地球上较偏远的地方工作。在这些梦想之地，自然界还保留着大量未知的秘密。

可爱的"食人族"

海蛞蝓是一类小小的、没有外壳的软体动物。没有外壳并不意味着就失去了美貌，它们是真正的身披华服的热带狂欢节舞者！这些小怪兽以其多样性吸引着科学家们。看看它们绒毛状、树枝状的突起和鲜艳的颜色，是不是很可爱？但是，它们是肉食性动物，甚至会吃自己的同类哦！嗯，它们就是可爱的"食人族"……下面这几种海蛞蝓就是科学家们在一次探索活动中在马达加斯加发现的。

微型软体动物

　　海洋软体动物学每年都会取得很大进展，每年平均有350个新种被发现，绝大部分新种的发现地都是热带海洋。下面这些有趣的动物是在巴布亚新几内亚的马当潟湖中被发现的。这些成年的微型软体动物有一个非常普遍的特征——它们比我们想象的要小得多，大多数只有几微米大。

用细网过滤海水

在这样的行动中，我们绝对不会两手空空而返！潜水员们只能在浅海观察珊瑚礁生态，而拖网可以下沉到1000米以下的海洋深处。在海洋深处，隐藏着很多未知的动物。

有机物质和泥沙混合在一起被拖网拉回船上，然后就是漫长的清理筛选工作。科学家们先将大的软体动物与鱼、虾、海星等分选开来，然后用网孔越来越小的筛子一步一步地分选出越来越小的软体动物。一些意料之外的贝类说不定就藏在小碎石中间。这些稀有的动物在经历科学研究之后，会作为惊人的海洋生物多样性的证据被保存起来，供后人参考。

小心，脆弱着呢！

地球上大部分生物都生活在海洋中。贝类、鲸类、鱼类、甲壳类、水母、珊瑚等数十亿种动物在海洋里出生、长大和栖息。然而，这一丰富的生物多样性如今正受到威胁……

海洋越来越"酸"

上百万吨的二氧化碳气体被排放到大气中，引发气候变暖。在海洋里，海水温度升高导致海洋生态被严重破坏，例如珊瑚的白化和死亡。大气中的二氧化碳气体又造成了海水的酸化，这对于大量的海生生物来说是致命的危害！就像醋可以软化钙质一样，酸性的海水也会溶解碳酸钙，而碳酸钙正是贝类用来建造自己外壳的原材料。结果就是，贝类的外壳变得越来越薄，面对捕食者时更不堪一击。

海洋污染越来越严重

大量的污染物（例如农药、化肥、石油和塑料垃圾）流入海洋，破坏了海洋里的食物链。植食型的笠螺食用了吸收过大量有害肥料的海藻，双壳类的贝类动物食用了感染化学物质的浮游生物，吸入了细小的塑料颗粒。这些有害物质会毒害海洋动植物，降低贝类的繁殖能力，杀死幼虫。这还没完，当我们食用贝类时，这些有害物质最终会进入我们的身体！

濒临灭绝的女王凤凰螺

一些人类活动也会破坏海洋生态系统的平衡，例如修建超大型海港、使用炸药或氰化物进行工业化捕鱼、大型拖网渔船的拖网刮过海底，从而破坏许多生物的栖息地。一些因为肉质鲜美而出名的贝类也面临过度捕捞的威胁。大量年幼的贝类被捕捞，致使它们没有时间长大和繁殖。如果继续这样下去，加勒比海的女王凤凰螺就要灭绝了！

49

我的小收藏

落潮时，大海会在沙滩上留下很多很多东西。在一堆海胆、墨鱼骨和海藻中间，通常藏着许多漂亮的贝壳。试着学会辨识这些贝壳，然后将它们收集起来，作为你的第一个小收藏吧！

你能从这一堆退潮残物中认出笠螺、普通牡蛎、马蹄蚶、花蛤、欧洲刺鸟尾蛤、海虹和滨螺吗？

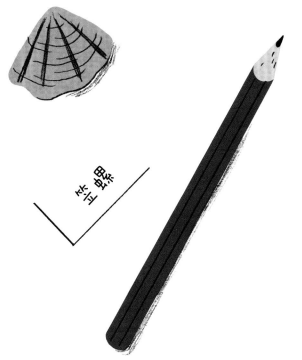

提示与技巧

- 只捡空的贝壳。
- 用牙刷蘸肥皂水清洗贝壳。如果清洗效果不是很好，可以加一些牙膏。将清洗干净的贝壳放在阴凉处晾几天，直到贝壳完全干燥。避免阳光直射，否则贝壳会褪色。
- 让贝壳重泛光泽，最好的办法就是用手指或牙刷给它涂一层矿物油（例如液体石蜡）。如果没有矿物油，也可以使用厨房里的植物油。之后，用干净抹布擦去贝壳上多余的油脂。
- 将你的宝贝存放在一个带格子的盒子里（例如巧克力盒、雪茄盒和装手工用品的盒子）。在每一小格内放上标记着贝壳名称、采集地点和采集时间的标签。

致 谢

感谢波尔多自然历史博物馆的馆长及软体动物学家洛朗·夏尔，感谢他为本书提供的科学方面的审查和宝贵的建议。

感谢法国国家自然历史博物馆的软体动物学家菲利普·布歇和菲利普·马埃斯特拉提。

感谢我的编辑迪迪埃·巴罗和玛丽·布吕托，没有他们的努力，这些贝壳不可能浮出水面。

感谢安–海伦·杜普雷，感谢她的辛苦付出和大力支持。

——伊娃·本赛哈德